中小学生书包使用指南

ZHONG XIAO XUE SHENG SHU BAO SHI YONG ZHI NAN

孔令军　主编

上海科学技术出版社

图书在版编目（CIP）数据

中小学生书包使用指南 / 孔令军主编. -- 上海 :
上海科学技术出版社, 2022.10
ISBN 978-7-5478-5897-4

Ⅰ. ①中… Ⅱ. ①孔… Ⅲ. ①中小学生－包袋－使用方法－指南 Ⅳ. ①TS941.75-62

中国版本图书馆CIP数据核字(2022)第184500号

中小学生书包使用指南
孔令军 主编

上海世纪出版(集团)有限公司
上海科学技术出版社 出版、发行
(上海市闵行区号景路159弄A座9F-10F)
邮政编码 201101 www.sstp.cn
上海光扬印务有限公司印刷
开本 787×1092 1/16 印张 3.75
字数:50千字
2022年10月第1版 2022年10月第1次印刷
ISBN 978-7-5478-5897-4/N·248
定价:38.00元

内　容　提　要

本书围绕中小学生书包超重、书包使用不规范等社会热点问题，通过对中小学生书包使用现状的回顾，介绍了书包对学生肌肉骨骼系统疾病、身体姿势、心肺功能、运动与平衡能力等健康的影响。本书主要面向学生家长、教师、书包生产与销售者，从书包类型、使用方式、使用时间、重量限制等角度，全面阐述了学生书包使用规范。

编 委 会

前　言

你关注过孩子们的书包吗？每天背着的书包是否适合他们？如果书包选购和使用不正确，可能导致圆肩驼背、头前倾、腰背疼痛、手臂麻木等麻烦。

随着学业内容日益丰富，中小学生书包重量已成为社会关注的焦点。多数国家或地区受访学生的书包实际重量远超健康指南推荐的书包适宜重量——学生自身体重的10%～20%。我国广州市76.6%受访学生书包重量超过其体重的10%；上海市金山区一年级学生书包超重率更是高达90%。书包超重可严重影响青少年肌肉骨骼系统正常发育，不仅导致学生头前倾、圆肩驼背、高低肩等姿势异常，更会诱发肌肉骨骼疼痛、麻木等不适症状。书包重量及其使用方式与青少年颈、肩、腰背、四肢疼痛密切相关。超重书包可显著增加学生成年后肌肉骨骼系统疼痛的发病率。研究显示，89.7%的受访学生认为他们的书包很重，近50%的受访学生报告了背包相关的疲劳感，35.4%的受访学生明确指出背包是导致其肌肉骨骼疼痛的主要原因。

同时，较窄的书包肩带会在肩膀局部形成严重卡压，影响血液循环、损伤神经，导致手臂麻木和无力的症状。沉重的书包还会影响人体平衡感，增加上下楼梯跌倒的风险，限制颈部左右旋转，影响视野范围，在转身或通过狭窄空间时（如校车通道、教室门口等）引起碰撞，在发生跌倒或碰撞时，沉重的书包也会增加自己或他人被砸伤的风险。因此，中小学生书包问题应得到家长及教育、卫生保健等部门的关注与重视，尽快改善我国中小学生书包使用现状，促进学龄青少年健康成长。

目 录

一、书包与中小学生健康概述

1. 肌肉骨骼健康

（1）颈肩、腰背痛

● 颈肩痛

背书包诱发的颈肩痛是学龄青少年常见的肌肉骨骼系统疾病，具有较高的发病率。调查研究显示，突尼斯青少年颈肩痛发病率为43%、葡萄牙为51%，伊朗小学生颈肩痛发病率更是高达70%；我国哈尔滨和广州中小学生颈肩痛发病率也分别达到32.3%和40.5%，而且女生颈肩痛发病率明显高于男生。

书包重心过低，诱发"圆肩驼背""头颈前倾"

书包重量与重心位置是导致学生颈肩疼痛的主要原因。书包重量超过自身体重的10%便会引起学生肩部明显不适感。学生书包重心应位于背部中下部，以第12胸椎水平处为最佳。书包重心位置过高

(在第7胸椎水平处)可导致明显颈肩不适,书包重心位置达到臀部(在第1骶椎以下处)可诱发显著头颈前倾与肩痛。沉重的书包还可诱发学生胸段或胸腰段脊柱异常旋转,破坏脊柱生物力学平衡,进而诱发脊柱侧弯等疾病。

腰背痛

腰背痛也是学龄青少年常见病,且具有较高发病率:马耳他32%、伊朗34.3%、乌干达38%、瑞典44.7%、巴西55.7%、葡萄牙65.1%、波兰74.4%。学生腰背痛可能与书包重量、背包时间、体重、性别等因素相关。自我感觉书包较重的学生更易发生腰背痛,长时间背包步行的学生更早抱怨腰背疼痛。肥胖可能也是学生腰背痛主要危险因素之一。肥胖学生的额外体重为其生理和生物力学结构造成额外负担,肥胖学生足底压力分布和动态足弓指数高于正常体重学生。因此,肥胖学生书包限重通常为正常学生书包限重的2/3。

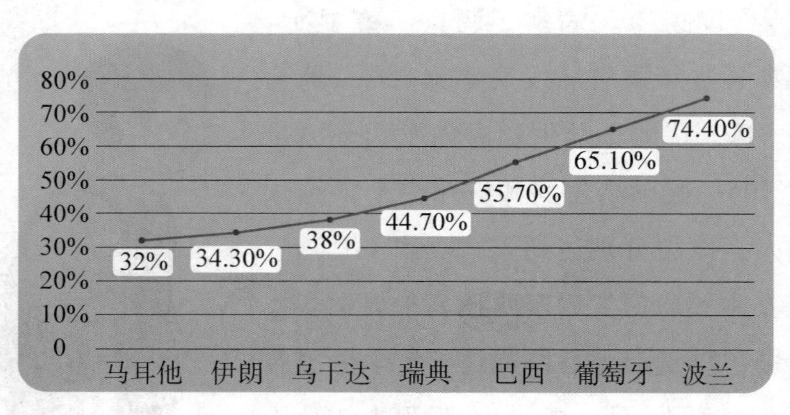

各国青少年腰背痛发病率

青春期女生是腰背痛高发群体之一,女生往往经历更频繁、更严重腰背痛,可能源于男女生肌肉骨骼结构、肌肉力量、激素分

泌等方面差异。女生骨骼关节比男生更松弛，松弛的关节增加了女生肌肉骨骼系统疼痛的风险。而且，女生更差的肌肉力量、较低的痛阈和耐受性也增加其腰背痛发病率。同时，性激素在调节疼痛的性别差异中也起着重要作用。

青春期女生更易发生腰背痛

学生抱怨疼痛的风险因素

影响学生颈、肩、腰背等肌肉骨骼疼痛的风险因素较多。除青少年生长发育相关因素外，研究发现，书包重量、背包时间、使用电子产品、书桌椅等都是诱发学生颈痛、背痛、腰痛异常的常见因素。当然，不容忽视的还有心理因素影响。研究发现，心理风险因素（焦虑、抑郁、敏感等）更容易诱发腰背痛，然而，这些因素往往容易被忽视。相关研究也明确列出学生颈痛、肩痛、腰背痛等风险因素（除生理、心理因素），仅供参考。

颈痛风险因素：女生、使用电脑时间≥4 小时/周、书桌太低、持续背书包时间≥60 分钟。

肩痛风险因素：女生、超重或肥胖、使用电脑时间≥2 小时/天、书包重量≥自身体重的 10%。

背较大、较重的书包

使用电脑时间长

写字姿势差

腰痛风险因素：女生、超重或肥胖、使用电脑时间≥2小时/天、看电视时间≥12小时/周、座椅靠背过低、离黑板距离过远。

（2）四肢疾病

足底压力增加是足踝疼痛和扭伤的主要风险因素。书包作为人体外载力，可导致学生足底压力显著增加，改变足底压力分布，足跟与足中部承载显著变化。同样，超重的书包可导致肥胖学生承载更大的足底压力，且可明显影响足踝骨骼结构与功能。书包重量增加可导致踝关节内、外翻活动范围增大，增加踝关节不稳定性，更易引起踝关节扭伤。

书包诱发关节等疼痛

调查显示，伊朗小学生手腕不适发病率达到18.5%，且与书包重量显著相关。超重书包可影响手指微循环血流量，诱发学生轻触敏感异常，影响手指精细运动功能。超重的书包还可诱发背包者臂丛神经损伤，其可能源于沉重背包导致的相关肌肉自发活动减少、疲劳引起神经肌肉损伤。

2. 心肺功能

（1）对呼吸系统的影响

在书包使用过程中，由于肩背部负荷过重，外部压力增大，会使呼吸时肺部用力增加，引起呼吸肌疲劳，进而导致用力肺活量、

一秒用力呼气量等肺功能降低，呼吸频率增加，对呼吸力学和肺功能有明显影响。呼吸肌疲劳只是引起肺功能异常的前期表现，随着负荷增加，用力肺活量、吸氧量、一秒用力呼气量等值也呈现下降趋势。15 千克、25 千克和 35 千克的书包负重可导致用力肺活量分别下降 3%、5%和 8%。书包重量对运动表现有负面影响，学生在背包负荷下绝对峰值吸氧量显著降低。一项针对中学生书包负荷量占体重百分位数及其对肺通气功能影响的研究显示，书包负重超过自身体重的 7.4%时可诱发肺通气功能显著降低。由于肺功能受到抑制，呼吸能力减弱，为了维持机体新陈代谢，呼吸频率也会受到影响。不同书包重量对 10 岁儿童行走时躯干运动学和呼吸参数影响的研究发现，书包负荷超过自身体重 10%的受试者，躯干前倾和呼吸频率显著增加。除书包重量外，背包方式同样会对学生肺功能产生负面影响。书包重心位置过高可引起学生耗氧量、每分钟通气量异常和感知劳累。同时，单肩书包可更显著诱发学生肺功能异常，出现用力肺活量、一秒用力呼气量和最大呼气压力显著降低。但是，研究发现，在双肩背包负荷达到自身体重的 20%时，肺功能依然显著降低。因此，书包类型仅是影响人体肺功能等生理指标的一个因素，究其根本，还是背包负荷大小起到了决定作用。

书包过重，影响肺功能

（2）对循环系统的影响

书包过重会增加肩带对肩背部的压力，肩带通常位于肩前侧

和上部，可对血管及臂丛神经造成压迫，使局部循环阻力变大，血液循环不畅，继而诱发上肢麻木等症状。在书包负荷作用下，局部皮肤受压，可导致血管壁压力增高，血流减小。背包负重10千克会使皮肤血流量减少82%；当肩部压力为10毫米汞柱时，前臂皮肤血流量减少65%。而且，长时间书包负重过大甚至会阻断局部血流。同时，当上肢受压较大导致肩臂部循环血流量降低时，上肢的正常生理功能会受限。学生书包负重也可能致使手指微血管血流量减少，导致手指轻触敏感度和精细运动功能受损。研究显示，中等重量书包可显著降低上肢感觉，影响所有大血管和微血管的血流动力学值，大血管和微血管血流动力学的下降可能会导致神经功能障碍。因此，可能会影响某些职业从业者手部的精细运动技能。此外，书包负重导致受压局部组织血液循环受阻，还会导致心血管负荷增加，影响心率。研究显示，学生书包负重增加可导致心血管负荷增加，使心率加快。因此，在使用书包时，除减轻重量外，还应当尽量避免负荷过于集中在肩背局部，以免造成局部组织血流量降低甚至被阻断的负面影响。使用在皮肤接触面上产生压力更小、更分散的书包，有助于降低书包负荷对中小学生正常生理功能的限制作用。

3. 运动功能

（1）步态异常

学龄青少年步态的影响因素包括内在因素（肢体长度、关节范围、肌肉张力等）和外部因素（鞋子、负重等），这些因素均可能

改变学生行走运动方式。研究表明，书包作为大多数学生最常见的外载负重，书包的类型、负荷以及位置都可能改变学生步态运动形式、地面反作用力和足底压力等时空参数，进而静态或动态姿势的生物力学变化可导致肌肉骨骼损伤，例如背痛、关节畸形、足部皮肤损伤等。鉴于书包在学生步态生物力学和运动控制策略中引起的变化，临床和教育从业者以及政策制定者对学生使用背包的关注越来越多，尤其是错误使用书包可能带来的不良后果，包括书包超重、背包位置及次优设计方面（如不舒适肩带、腰带等）带来的不同影响。

学龄青少年每天都需要背书包上学，常见书包类型包括单肩书包、双肩书包和拉杆书包。不同类型的书包对学生步态会产生什么影响？应该如何选择适合学生的书包？又应如何正确指导学生使用书包？

单肩书包

首先，研究表明，单肩书包更容易导致学龄青少年异常姿势和步态。双肩不均匀受力情况下，较轻的书包重量便可诱发学生步态异常。重量为自身体重10%的单肩书包便可诱发学生步态异常，而双肩书包则需要达到自身体重的20%才出现类似变化。相关步态异常可进一步诱发学生骨盆旋转和倾斜，从而降低骨盆的稳定性，诱发腰痛等问题。此外，长期背单肩背包可改变学生双膝受力模式，负重侧的典型膝关节内翻行为减少，无负重侧的典型膝内翻行为增加，膝关节非对称负荷模式容易引起软骨变性，导致膝关节疼痛等问题。

同时，单侧不对称背包在行走过程中也会增加髋关节屈曲支撑，减少髋关节伸展。这可能是由于负重模式改变，学生需通过

单肩背包诱发姿势与运动异常

弯曲臀部和膝盖来增强单脚站立的稳定性。为保持骨盆和躯干稳定性，学生在单肩背包行走过程中，会选择减少转动范围来减少能量消耗，防止书包过度摆动，提供稳定性。而且，多数学生选择将包放在优势边，即“右撇子”会喜欢右边背包，“左撇子”喜欢左边背包，因为他们觉得这样更稳定。但是无论放在哪一侧背，很明显都属于不对称的背包方式，都会引起步态发生相应异常改变。即使背包的重量很轻，但是长时间的不对称移动也会产生姿势改变，导致步态异常，引起腰部及下肢关节的疼痛不适等。

- 双肩书包

双肩书包对于学生步态的影响主要还是取决于背包负荷大小，一般而言，建议书包重量以低于自身体重的10%为宜。背着双肩书包走路会减小步幅，增加双脚支持和站立阶段从而减少摆动阶段。也就是说，在步态周期中，背着双肩包的孩子需要增加双脚同时着地的时间来承受背包带来的负荷。通过增加支撑的基础可以更好地分配负荷，以保持姿势的稳定性，适应背包对平衡的影响。具体来说，背双肩包行走受影响最严重部位是骨盆和胸部，因为胸腔和骨盆需要弯曲更大的角度来弥补学生由于负重而向后位移的重心。这种适应性改变会对脊柱发育产生负面影响，可能导致小学生背部疼痛或不适。

过重、过大的双肩书包

拉杆书包

现在学生越来越多地开始选择使用拉杆书包。随着书包重量的不断增加，相关指南（美国儿科学会，2016）也提出建议使用拉杆包。尽管使用拉杆书包对人体来说也是一项不对称运动，但使用拉杆书包形成的运动学模式与正常行走非常接近。整个步行期间也存在摆动阶段减少、站立和双脚支撑阶段增加的趋势。从躯干的运动学角度来看，胸部矢状屈曲角度增加，以平衡使用拉杆包产生的负荷。横截面上，使用拉杆包与双肩背包在减少胸腔和骨盆旋转运动方面表现出相似趋势，但使用拉杆包运动模式比双肩背包更接近正常行走。而且，背着书包行走相对于无负重行走需要更高的适应能力。以胸部屈曲角度为例，背着书包行走相对于无负重行走来说，需要更大的弯腰幅度，并且随着书包重量增加，弯曲角度更大；而在使用拉杆书包的过程中，腰背屈曲幅度要小得多。

此外，背书包的学生肌肉骨骼症状发生率要高于使用拉杆书包的学生。在针对双肩背包的分析中，当书包重量增加到自身体重的10%时，学生便会产生一些运动学变化，所以多数指南建议避免背包重量超过自身体重的10%。而维持相同的运动适应性时，拉杆书包重量可达到学生自身体重的20%。当然，一些特殊情况也需要综合考虑，例如上下楼梯、过马路、需要避开障碍物等情况，使用拉杆书包也会对学生健康带来危害。因此，考虑到这些结果及目前没有针对给拉杆书包的推荐安全负

携带拉杆书包上下楼梯

荷，在地面上拉重量小于自身体重20％的拉杆书包比较适宜。当然，书包重量仍然是越轻越好。

书包重量

研究发现，随着书包重量增加，学生行走过程中双脚同时支撑的时间增加，单脚支撑的时间缩短，也就是说，两脚同时着地的时间更多，而靠一只脚支撑的时间减少。这种改变是由于书包重量增加容易导致学生步态失稳，需代偿性地通过增加双脚同时支撑的时间来维持姿势稳定。因此，书包越重，越容易导致步态失稳，发生跌倒等状况，尤其是在背起、举起或脱下背包时更容易受伤。

同时，书包重量超过学生自身体重的15％时，行走速度、步幅长度、行走节奏等也都显著降低。并且随着书包重量增加，骨盆旋转和倾斜活动度都有所降低，髋关节矢状面屈伸活动度增加。这些现象可能是通过降低上身和下身之间反向旋转，减少因背包而增加的惯性力矩，进而提高躯干稳定性。同时，书包重量增加可能会增加膝关节和臀部应力需求，诱发相关肌群早期疲劳和不适，进而引起膝关节和髋关节损伤。

背过重、过大的书包易诱发踝关节扭伤

在书包重量方面，双肩书包应该是更合适的选择，并且一般建议学生书包安全负荷不超过自身体重的10％～15％（美国物理治疗协会，2016）。我国标准建议书包重量最好控制在自身体重的10％以内，因为长期超负荷背包走路，容易引起脚趾畸形、扁平足等问题。书包超过自身体重的15％时，可导致学生步态发生显著改变，更容易带来损伤。当然，书包重量并不是指导学

生书包选择的唯一标准。身高、体重、性别等也是需要关注的主要因素。

背包位置

书包肩带搭在两肩上是最节能的人体负重搬运方法，也就是说，背双肩书包相较于背单肩书包更省力。有无辅助带（胸带、腰带）在行走过程中对重心偏移也存在影响，有辅助带的书包能有效帮助足底压力中心减小偏移，也就是说，背有辅助带的书包在行走时更能帮助学生保持稳定，从而减少跌倒等风险。虽然配有胸带的双肩书包被证明可有效将书包重量分配到肩膀和背部，但仍存在肩带和胸带错误使用的现象。研究发现，近 50％的学生未正确使用双肩书包，所以家长需要更好地指导和关心孩子如何正确使用书包。

书包重心高低可显著影响学生行走步态。相同重量下，书包重心较高更容易导致足弓位置接触面积增大，压力峰值、负载率、冲量增加；而重心过低则会增加第 1 趾骨和第 1 跖骨的接触面积，也就是说，书包重心低更有利于孩子的健康成长，背包高度一般以低背部（第 12 胸椎处）为适宜。但是，也有研究建议应在高位置背包，因为在腰部区域背包可能比胸部区域背包更容易导致高位的脊柱弯曲，但这类研究多集中在站立时测试。

书包肩带过长，诱发异常姿势

综上所述，在选择背包时，我们首先应该选择双肩包，并且有辅助带（胸带、腰带等）的背包应优先考虑。行走时，背包位置也

应该根据自身情况选择靠近下背部(第12胸椎处)的位置为宜。当然,书包重量最好不要超过自身体重的10%。如果书包重量超过自身体重的15%时,建议可以使用拉杆书包来减轻行走负重。

(2)平衡功能

人体平衡与支撑面积大小及下肢关节稳定性有关,行走时足底支撑面积小则不容易控制身体平衡。书包对学龄青少年步态可产生明显影响,背书包会导致足底整体负重急剧增加,足跟部接触地面缓冲阶段和前脚掌接触地面支撑阶段面积减少,会导致学生走路稳定性下降。背超重书包更容易导致学生步态失稳。学生为保持平衡,防止跌倒等情况发生,代偿性调整自身步态和姿势,通过增加双脚同时支撑的时间,减小足底压力中心位移,进而维持姿势稳定。

- 单肩背包对平衡的影响

单肩背包诱发姿势异常与疼痛

长时间单肩背包容易使脊柱的一侧受压,对侧被牵拉,造成两侧肌肉紧张程度不等,平衡失调,随之而来的可能是高低肩和脊椎侧弯,步态上表现出双足支撑期各阶段不平衡,学生身体左右侧不对称发育。研究表明,随着负重增加,以第2、3跖骨为主的足底冲击性负荷会逐渐增大,易于诱发前脚掌中部疲劳和损伤。当单肩负重2.5千克行走时,负重侧第2、3跖骨处压强值也会急剧增加,所以单肩背包负重更容易导致足部损伤,并且单肩负重行走时,学生双足支撑期时相和足底压力均表现出不平衡特征。因此,应该

尽量让学生使用双肩书包，并且尽可能减少书包重量。

- 双肩书包对平衡的影响

使用双肩书包易导致学生代偿性躯干前倾，调整重心维持身体平衡稳定。然而，这种姿势会导致压力中心向脚趾移动，行走时躯干前倾状态比静态条件下更高。因此，步行时重心会转移到前足，前脚掌超负荷承压。并且，站立和行走涉及足底不同区域，与地面接触面积存在很大差异。具体来说，行走和静态站立时，后脚接触面积都略有增加，而行走过程中，前脚掌接触面积增加明显大于静止站立。因此，背双肩书包走路，尤其是超负载状态时，足底区域过度应力非常严重，严重影响姿势平衡控制能力。当足底机械感受器受到过度刺激时，感觉信息质量会下降，更容易导致平衡障碍。因此，尽管双肩书包相较于单肩书包而言，对学生平衡调节能力要求较低，但也会影响走路时姿势的稳定性，同样需要更加谨慎地控制书包重量，以降低书包对学生平衡能力的影响。

书包重心过低导致头颈前倾，容易摔倒

- 书包重量对平衡的影响

背包负重行走可增加学生走路时平衡失调的风险。随着书包重量增加，学生自身整体重量急剧改变，增加姿势控制的难度。为更好控制行走平衡，学生需要通过增大支撑面积来提高行走稳定性，走路姿势逐渐向“外八字”演变，而“外八字”步姿在足离地蹬伸阶段主要靠前掌内侧用力，进而诱发足外翻异常。这些姿势

书包过大、过重，走路“外八字”

的改变反过来会对足底压力的分布产生影响，因为压力的中心会向前（向脚趾方向）移动。这会导致更多负载作用于足底中部到前部，也解释了随着负重增加，足底中前部压力增加的现象。因此，建议学生使用双肩书包时同样需要严格控制书包重量。

- 书包位置对平衡的影响

正确使用书包是避免或减少书包使用诱发异常姿势的重要方式。双肩书包重量分配不当和不能有效地代偿背包负荷会诱发姿势的改变，极易导致学生肌肉和骨骼损伤。如前所述，书包过重会导致身体前后负荷分布不对称，学生会通过躯干前倾的体位保持身体平衡。研究发现，静态站立过程中，较低的背包重心位置（第3腰椎水平以下）更容易导致躯干运动轴产生力臂增加，加重足前后区域维持适当压力比的困难。在增加双肩背包重量的情况下，也观察到类似结果。这些现象均表明，在站立位，学生书包重心位置可略向上移动，更有利于学生足底压力分布正常化。

书包肩带过长，走路姿势前倾

因此，在静态站立时，书包重心位置略向上可增加书包使用安全性，并有助于减轻书包使用不当诱发的肌肉骨骼不适。然而，在走路过程中，由于身体前倾幅度增加，略低的书包重心位置（第12胸椎水平）

可能更有利于维持身体平衡。同时，还可以通过紧固肩带、胸带、腰带等辅助带来帮助学生维持整个身体平衡，预防学生常见肌肉骨骼系统疾病。

（3）肌肉活动

背书包可引起学生代偿性姿势和步态变化。背包负重的学生常通过肌肉的激活或过度激活形式，维持身体动态平衡。因此，长期背书包的学生经常出现因肌肉异常激活而诱发的肩背部或下肢肌肉疲劳、疼痛等症状。

随着书包重量增加，学生腹直肌出现明显的异常肌电活动。腹直肌异常活动可能源于背包引起的上身异常伸展力矩，人体通过腹直肌收缩活动，代偿抵消额外的伸展力矩。同时，研究发现，随着背包重量改变，左右腹直肌肌电活动呈非对称特性，通常右侧肌电活动的增加高于左侧。随着书包重量增加至自身体重的15%～20%，学生腰部竖脊肌肌肉活动峰值显著增加。可见，随着书包重量增加，腹部和背部肌肉不会出现联合收缩策略，一旦负荷过重，超过学生可承受的临界值，就会导致肌肉活动模式异常改变，更容易引起肌肉酸痛与疲劳等不适。

研究发现，书包重量增加时，腓肠肌肌肉活动显著增加。腓肠肌肌肉活动增加被认为是人体通过肌肉收缩代偿背包负重增加带来的惯性。但是，当负荷增加到一定程度时，肌肉活动并没有显著或成比例继续增加。因此，外部背包负荷对下肢肌肉的影响似乎是可忽略的。研究也发现，77%的肌肉骨骼症状与背书包有关，然而，只有5.7%的症状发生在膝盖或小腿，主要还是以颈部、肩部和腰背部为主。

背包位置对肌肉活动的影响

背单肩书包诱发高低肩、身体扭曲倾斜

背双肩包时，由于重心改变、身体前倾导致伸展力矩增加，诱发竖脊肌肌肉活动水平明显降低，而背单肩包时，由于不对称的重量分布，竖脊肌活动水平明显增加。行走时，背单肩包者双侧斜方肌和竖脊肌的肌肉活动都要明显高于背双肩包者的肌肉活动。

因此，双肩包可能更适合负重运输，可减轻非对称性姿势负荷偏差。而背单肩包在所有平面上都会产生姿势负荷偏差，容易在脊柱结构上造成不利压力和张力，从而导致颈肩部和脊柱周围肌肉活动增加，并且左右两侧肌肉也存在明显不对称活动。这种不对称肌肉活动也表明了躯干稳定性下降，容易导致背部疼痛与疲劳等。

书包重量对肌肉活动的影响

书包重量和携带时间都会影响颈椎和肩膀姿势。背负较重的书包时，头部向前的姿势会增加，而且，书包过重会导致学生难以维持良好的站立姿势。使用双肩书包作为背包负重的最佳方法，具有最低的肌肉活动和最佳的姿势对称性。但背包重量还是需要控制在自身体重的10%以内较为适宜。长时间背着较重的背包，容易使颈肩部、腰背部和下肢肌肉活动改变，造成肌肉疲劳与损伤。

书包过重，身体前倾

- 背包位置对肌肉活动的影响

颈肩部不适症状会随着背包位置的增高而增加。书包重心位于上背部(第7胸椎水平)可导致头部屈曲角度显著增加,颈肩部和腰部不适症状也最严重。双肩书包重心最佳位置为第12胸椎水平,此时背双肩包可显著减少上半身的弯曲和不适。因此,过高或者过低的背包位置都是不合适的,容易引起身体肌肉骨骼不适。选择双肩书包,并将书包重心放置在胸腰椎结合位置附近,可以避免学生肩背部不适感。

书包肩带过长,会导致头颈前倾,颈、肩、腰疼痛

4. 躯体姿势

(1) 对身体姿势的影响

目前,社会普遍认识到书包负重对学龄儿童躯干姿势的不良

背书包诱发的“圆肩驼背”“头颈前倾”

影响。多数国家学生书包安全指南均推荐学生书包限重为自身体重的10%。然而，即使背负自身体重10%重量的书包，仍有近1/4的学生出现头颈前倾姿势异常。当然，这种异常姿势可能主要源于学生肌肉力量差异。部分学龄儿童日常运动严重不足，肌肉力量较差，无法承载正常书包重量，负重时通过身体前倾来改变自身重心位置，从而与重物对人体所造成的向后力矩相抗衡，维持身体平衡。同时，我们不能忽视错误使用书包导致的“头颈前倾”“圆肩驼背”异常姿势。许多学生的双肩背包肩带过长，导致书包重心严重后移，学生代偿性通过“头颈前倾”“双肩内收”来平衡书包重量，进而形成明显“头颈前倾”“圆肩驼背”异常姿势。因此，学生书包重量越大，负重载荷产生的力矩越大，学生需要向前倾斜的姿势程度也越大。

同时，研究发现，学生躯干前倾角度随年级升高而呈现增加趋势，中学生躯干前倾角度明显大于小学生。但是，随着年龄增长，中学生背负书包的重量占自身体重的百分比明显小于小学生，为什么身体异常姿势没有得到明显改善，反而更严重？首先，中学生比小学生背包负重时间明显增加。其次，从小学到中学持续背包负重，对学生躯干姿势作用的效应也在不断积累，导致学生负重能力明显下降，这同样是不可忽略的关键因素。

我国研究调查也表明，年级是影响小学生书包重量的主要因素，随着年级增高，书包重量随之增加。由于书包重量增幅与体

重增幅存在差异，相对而言，其实 7～10 岁小学生的背包负担更大。当书包重量大于自身体重的 10%时，部分躯干及头部姿态发生变化；而当书包重量大于自身体重的 15%时，全身姿态均会发生变化。同时，年龄也是躯干前倾角度改变的影响因素之一，12 岁小学生背负的书包重量为自身体重的 10%时，产生的身体姿态变化明显大于 7～9 岁的学生。

近年来，由于家长对书包健康使用的认知提升，会为孩子们选用双肩书包，在一定程度上减少了使用单肩书包诱发的高低肩异常。调查显示，中学生和小学生双肩书包使用比例分别为 83.5%和 96.6%，说明大部分学生正确地选择了双肩书包。但在背包习惯上，有些学生还是喜欢用一侧肩来背书包，因此，在学生身体姿态分析中发现，大约 30%的中小学生存在一定程度的高低肩现象。另一项调查发现，鼻尖、脐部均在正中线上的学生只占调查总人数的 1/3，其余学生不同程度地表现出上身向一侧倾斜，向右倾斜的学生明显多于向左侧倾斜的学生，而且倾斜程度也稍大。这类情况在小学生中发生的比例明显高于中学生，这可能是学龄儿童肌肉发育较薄弱，不均衡外力影响学生维持正确躯体姿势，使得脊柱两侧神经肌肉紧张度不平衡而发生姿势缺陷。

特别要指出的是，若学生患有脊柱侧弯，那么其本身平衡功能较正常学生会更差一些，更容易发生姿势异常并增加跌倒的风险。对一般孩子来说，背负重物导致姿势变化主要是躯干相对于骨盆的倾斜度增加，同时伴随着头相对于躯干的伸展，从而保持向前看的姿态。而脊柱侧弯的孩子在骨盆、颈椎等部位的变化相对偏大，而背包负重引起的平衡障碍又可能进一步影响脊柱侧弯的发展。因此，脊柱侧弯学生应当使用更轻的书包。

脊柱侧弯学生需使用更轻书包

（2）对足底压力的影响

如今，许多家长和老师已经关注书包对学生身体姿势的影响，学生姿势异常相对容易发现。但是，不当负重还会对学生足底压力带来不良影响，而且足底异常往往容易被大家忽视。

如果足底区域承受过大压力，很容易导致足底组织损伤。而学龄儿童由于足弓肌肉尚未发育完善，长时间负载过大，可能影响足弓正常发育而造成扁平足，足底承受过大压力的区域将会形成胼胝体。因此，书包对学龄儿童足底压力带来的影响应当引起重视。

研究发现，儿童足底压力大小、分布与成年人不同，这可能源于儿童与成人肌肉和骨骼的差异。一年级学生足底压力大小及分布特征逐渐接近成年人。随着年龄增加，由于足表面、关节活

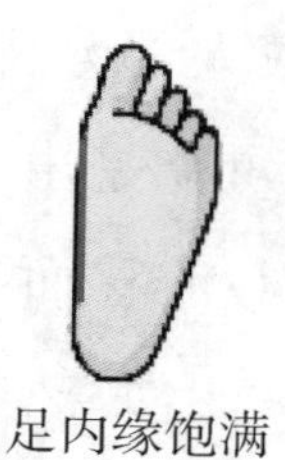
足内缘饱满

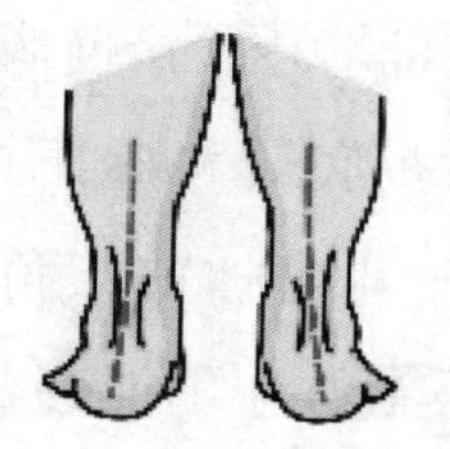
足跟外翻

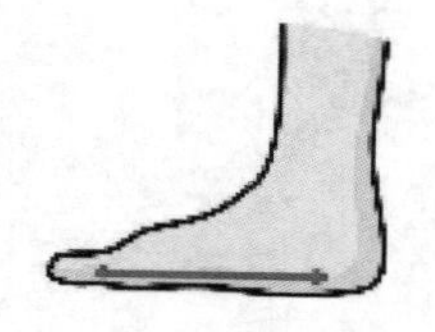
足纵弓低平或消失

正常足

扁平足

重度扁平足

足底改变

动度、本体感受器的改变，肌肉、足底脂肪垫的萎缩，鹰状趾、锤状趾的增多，可导致足底压力升高。但足底压力大小还与行走速度有关，行走速度越快，足底压力越高，这是因为行走速度越快，地面对足底的反作用力越大。

研究人员发现，学生在不背书包状态下自然行走，足底峰值压力最大部位为足跟处，即足跟内、外侧区域，最小部位为前脚掌和足弓区域。然而，随着负重的增加，学生前脚掌内侧区域压力迅速增加；当负重载荷超过自身体重的15％时，学生前脚掌内侧区域压力峰值可接近或超过足跟内、外侧区域；而当负重载荷达到自身体重的20%时，前脚掌开始承受足底大部分压力。因此，负重行走时足底最大峰值压力会向前移，这可能是由于随负重载荷量增加，学生身体前倾角度不断增大，重心前移而致。而前脚掌本身抗压能力并不能与足跟相比，长此以往，必然会诱发学生足部功能异常。

二、书包科学选用知识

科学选购知识

(1) 学生书包适宜重量标准

“学生可以背多重的书包”一直是具有争议性的热点问题。多数国家书包使用指南或行业学会标准推荐书包重量为学生自身体重的10%～20%。美国物理治疗协会推荐书包重量为自身体重的10%～15%，美国儿科学会推荐书包重量为自身体重的10%～20%，澳大利亚相关组织推荐书包重量不超过自身体重的10%，我国卫生行业标准《中小学生书包卫生要求》(WS/T 585—2018)也推荐书包重量不超过学生体重的10%。

然而，现代研究表明，学生的体质指数(BMI)、性别、背包时间等因素对学生可背书包重量也会产生明显影响。肥胖学生应选择更轻的书包。使用同样重量的书包时，肥胖学生更易出现肌肉疲劳与疼痛。女生承重能力显著低于同龄男生，可能与男女体脂比例、激素分泌、身体结构差异相关。女生体脂含量比男生高，较少的肌肉比例导致女生承重能力更差。性激素在疼痛调节中

也发挥着重要作用，使用相同重量书包时，女生更易发生腰背疼痛。因此，一般建议学生书包重量不超过自身体重的10%，具体还要看个人实际书包使用情况。然而，超过自身体重20%的书包一定是超重书包，应该严格避免。

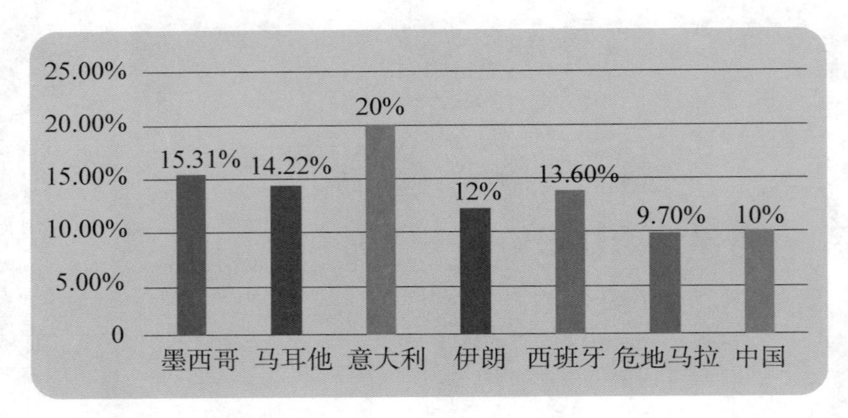

各国研究书包重量限制指导建议（自身体重百分比）

（2）学生书包超重判断标准

我国卫生行业标准《中小学生书包卫生要求》（WS/T 585—2018）推荐书包重量不超过学生体重的10%。然而，学生书包重量推荐标准在实际执行中存在明显“不便性”。家长不可能每天称学生书包重量，而且不同学生对书包重量承受能力也存在显著差异。因此，家长可以依据学生使用书包的一些现象判断书包是否超重。日常使用书包过程中，若出现如下问题，预示学生书包可能超重。

1）学生背起或脱下书包比较困难，无法独自完成。

2）背书包过程中，学生出现明显疼痛症状，如肩痛、腰背痛、足踝痛等。

3）背书包过程中，学生出现明显异常姿势，如探头、驼背、高低肩等。

4）背书包过程中，学生出现肩膀、手臂的麻木和酸胀感。

5）脱下书包后，学生肩部有明显红色压痕。

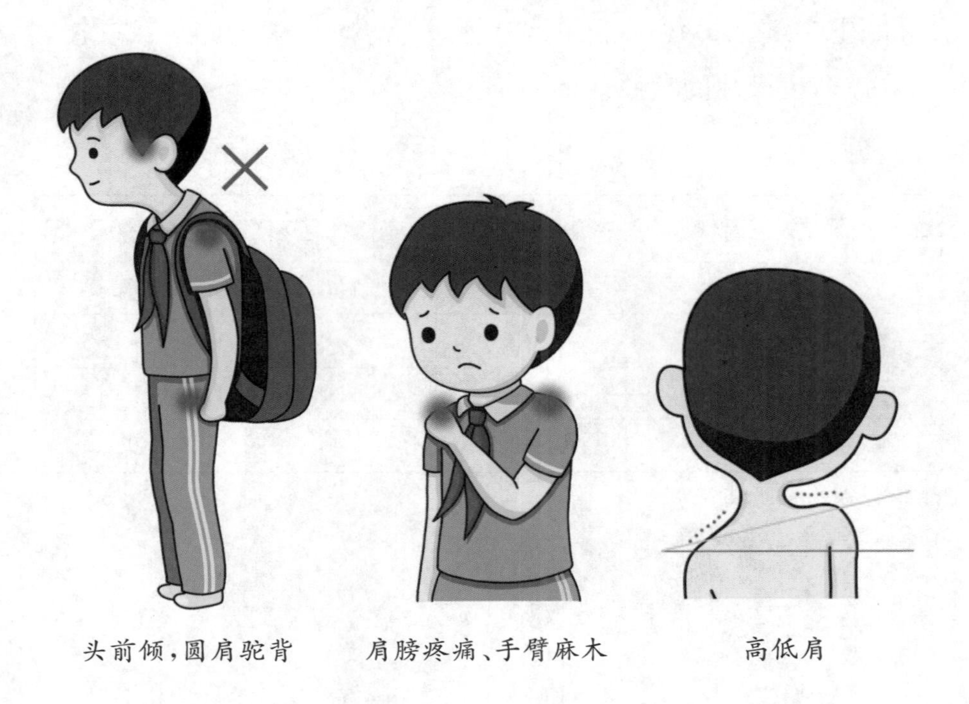

头前倾，圆肩驼背　　肩膀疼痛、手臂麻木　　高低肩

（3）学生书包尺寸标准

调查研究发现，小学生书包相对于身体来说普遍偏大，1～3年级小学生书包偏大现象尤其严重。很多受访家长持有“买个大书包可以多用几年”的错误观点。如果书包高度超过学生躯干长度，会限制学生头颈部移动范围，走路时对头颈部产生冲击。大书包重心更偏下，可影响书包与背部贴合度，导致书包对学生肩部和腰背部肌肉造成更大压力，诱发更多颈肩、腰背疼痛，影响学

生脊柱健康发育。研究发现，日常使用超大书包的小学生肌肉骨骼系统症状的发病率普遍居高。因此，使用合适尺寸的书包可以降低小学生受伤的风险，尤其对于每天上学步行 10 分钟以上的学生，必须选择尺寸合适的书包。依据中华人民共和国卫生行业标准《中小学生书包卫生要求》(WS/T 585—2018)，依据学生身高选择书包尺寸的参照如下。

• 书包大小与学生身高适用范围

书包型号	书包高(毫米)	书包长(毫米)	书包宽(毫米)	学生身高(厘米)
1	420	320	160	≥166.0
2	380	300	140	144.0～165.9
3	330	300	120	128.0～143.9
4	300	280	100	<128.0

注：尺寸误差范围±5 毫米。

（4）理想型书包的基本特征

如何为学生选择安全、健康的书包一直是让广大学生家长头疼的问题。一个理想型的学生书包通常应具有如下特征。

书包大小：根据学生身高、体重选择大小合适的书包。坚决避免“买个大书包可以多用几年”的错误观点。

书包材质：书包材料应具有防磨损、防雨、易清洁的特性，同时需要考虑书包材料轻质、环保等问题。

肩带：双肩书包的两条肩带可更好地分配重量，且配有肩部软垫，减少对肩膀的压力。

辅助带：书包配有胸部和腰部辅助带，以利于更好地将书包

重量分配至臀部和躯干，减少对肩部的压力。

背垫：书包配有背部衬垫，可减少对背部的压力或冲击力，保护脊柱，提高舒适度。

内部隔层：书包内部配有多个隔层，可以更好地分散重量，便于物品存取。同时，若配有弹力固定带，可使物品尽可能靠近背部，防止书包重心后移。

反光材料：书包表面配有反光材料，可提高夜间安全性。

理想型书包的基本特征

（5）正确选择书包类型

首先，家长和学生需要确定书包类型，双肩书包、单肩书包，还是拉杆书包。多数家长纠结于选择可承载更大重量的拉杆书包，还是选择舒适性更好的双肩书包。两种书包各具优势，可结合学生具体使用需求进行选择。这里给出一些选择建议，供家长和学生参考。

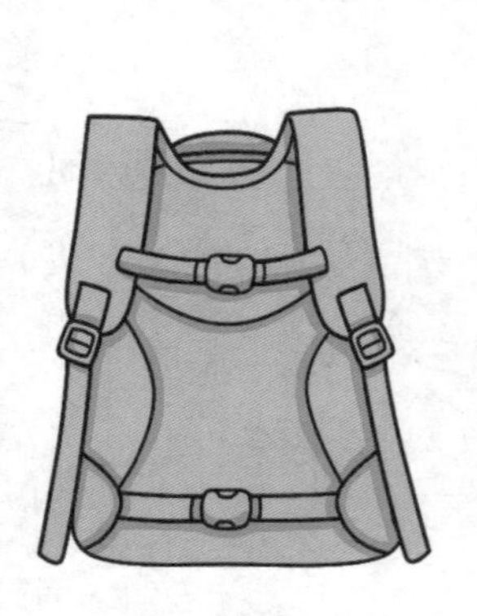

舒适性双肩书包(配备胸带、腰带)

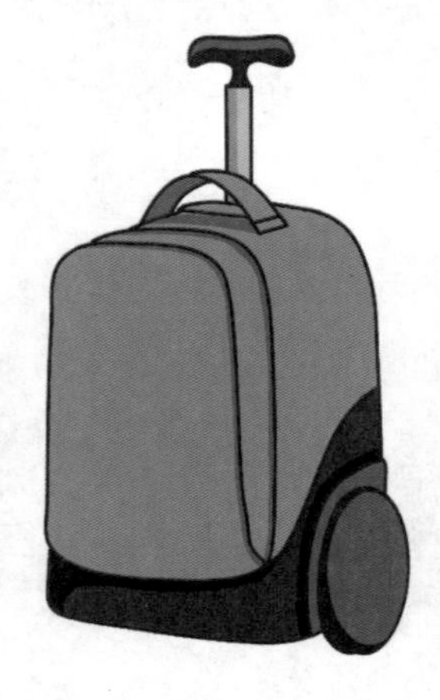

承载量大的拉杆书包

单肩书包(不推荐)

1）低年级学龄儿童(尤其1～3年级)，由于肌肉骨骼发育尚未接近成熟阶段，一般身材不高，肌肉力量较差，承受重量有限，建议使用双肩书包，避免上下楼梯过程中负荷严重，超出承载限制，引起意外损伤。

2）高年级中学生，由于肌肉骨骼发育已接近成熟，肌肉力量也更加接近成年人，尤其男学生已具备一定负载能力，如果每日需要携带较多学习用品，可以考虑使用容量更大的拉杆书包。但是，需要注意提起拉杆书包的姿势，应用双手提起书包，提起书包行走过程中切勿打闹嬉戏！

3）患有颈椎病、腰痛、脊柱侧弯等肌肉骨骼系统疾病的学生，建议选择双肩书包，同时注意书包重量限制，严格控制在学生自身体重的10%以内比较适宜。

4）超重或肥胖学生，建议选择双肩书包。研究显示，超重或肥胖学生书包重量为同龄正常体重学生书包限重的2/3为宜，即

书包重量在学生自身体重的6.6%以内为宜。

（Б）如何挑选双肩书包

双肩书包仍是最适合学生使用的书包类型，关于如何选择适合的双肩书包，这里给出一些建议，供家长和学生参考。

书包肩带：应选择宽肩带书包，可减轻书包肩带对肩膀的压力。肩带不宜过长，肩带长度以书包可以紧贴背部为宜。肩带过长可导致书包下滑（重心后移），且与背部形成空隙，导致肩膀承受更大压力。同时，为平衡后移的重心，学生会形成“探头驼背”姿势。另外，肩带可辅以软垫以增加肩部舒适感；书包装饰辅以反光条增加夜间出行安全。

肩带过长，导致“探头驼背”

肩带合适，书包与背部贴合

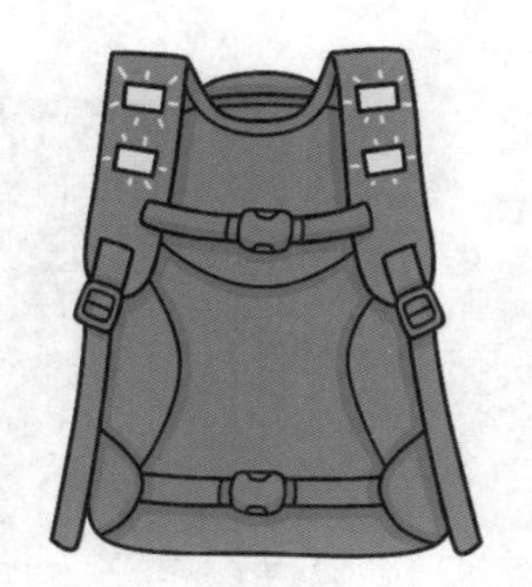

肩带前部配合反光条

书包胸带和腰带：首先，胸带可以使书包更好地贴合学生背部，防止走路、跑动时书包来回摆动，书包摆动会导致学生重心频繁变化，影响运动平衡，易诱发跌倒、踝扭伤等。其次，腰带有助于把书包重量更合理地分配到腰背部，减少肩部压力。

书包配有"固定肩带"和"卸力腰带"

书包背板：书包背部应该带有一层软垫。首先，软垫可以防止包内硬质物品对背部肌肉冲击，避免背部肌肉疲劳受损，配备

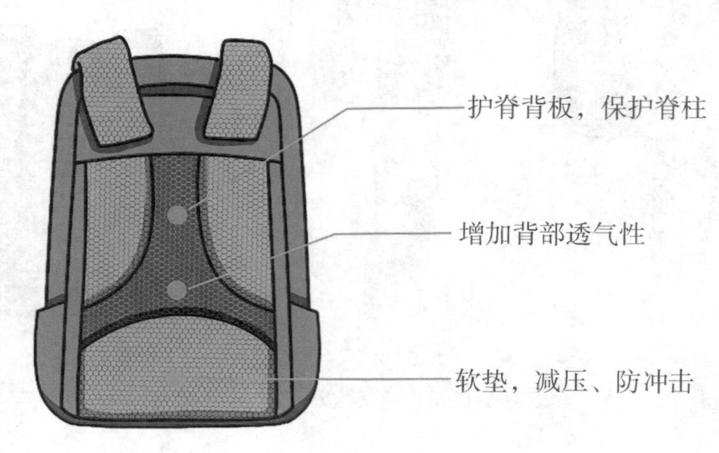

书包背板构造

软质背板的“无压护脊书包”也可对脊柱形成较好保护，以免背部肌肉长期疲劳、失衡导致学生脊柱侧弯。其次，背板可配有适当且均匀分布的透气沟壑，增加书包背部透气性，防止夏季背包时背部产生闷热感。

书包内空间格局：现代中小学生书本、文具较多，书包的容量和格局非常重要，应选择“多隔层且对称分布”的书包。此类书包的优点为：多隔层有利于学生按需分装书本与文具，便于取用，防止丢落，同时提高学生动手整理能力。“对称分布格局”也有利于将书包内物品重量对称均分，使两侧肩带均匀受力，避免双肩受力不均导致青少年出现“高低肩”等畸形。

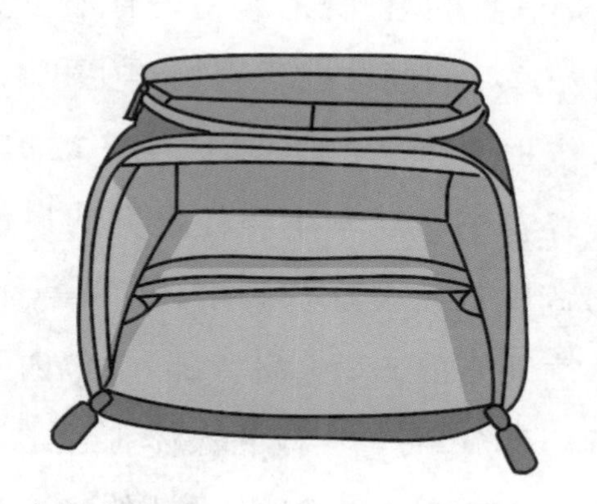

书包内部空间“多隔层且对称分布”

书包材质：书包材质直接影响书包重量。由于现代中小学生书本较多，书包较重，而较重的书包是导致“探头驼背”“高低肩”等畸形的主要原因。研究显示，书包重量不应超过学生自身体重的10%。轻质材料的书包可有效减轻书包自重。此外，在选购书包时，家长也应注意书包材料软硬、是否防雨等。

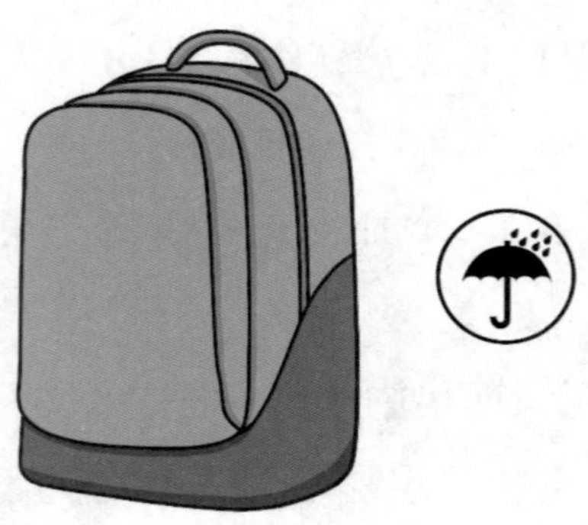

书包材质特点：轻质材料、防水材料、防尘易洗

（7）护脊书包的特征与选择

市场上有琳琅满目的“护脊书包”，护脊书包真的有效吗？如何选择护脊书包？这些问题已成为困扰学生和家长的常见问题。首先，可以肯定，依据人体工程学设计、生产的护脊书包，确实可在一定程度上减轻背书包对学生脊柱发育的损伤。市场上多数护脊书包通过加宽肩带以及配备胸带、腰带等辅助配件，更加合理地将书包整体重量分布于学生肩背部，书包内置对称储物分区也能有效促进重量平衡，书包背板的人体工程学设计减少了书包内容物对学生脊柱的直接冲击，这些设计的确减少了背书包诱发的学生脊柱损伤。

然而，学生和家长在选择护脊书包时，仍有一些需要注意的问题。首先，书包自重应尽量轻，以免增加学生背书包的负担。其次，书包的大小应适合学生身材，大书包不仅不易控制装载重量，更会导致书包与学生背部分离；小书包则难以满足学生日常携带书本、文具的需求。最后，家长与学生仍需关注书包重量限制，不是选择了护脊书包，就可以增加书包重量。

2. 书包使用技巧

学习正确使用书包之前，先看看孩子们的书包是否适合他们使用？其实，绝大多数学生并不知道书包是否适合自己，主要是因为不知道如何判断什么样的书包适合自己。如下几个标准可帮助大家判断书包是否有问题。

• 背包者必须努力地背起或脱下书包。

• 背包者必须通过身体前倾或倾斜来平衡书包重量。

• 使用书包时，背包者明显感觉更加疲惫。

• 使用书包时，背包者头颈部活动受限，尤其左右旋转范围减小。

• 使用书包时，背包者感觉颈肩、腰背疼痛。

• 使用书包时，背包者需要加快呼吸频率或深呼吸，甚至感觉呼吸困难。

• 使用书包时，背包者出现双臂疼痛、麻木、无力感。

如果出现上述表现，说明书包存在问题，需要调整书包的重量或使用方式。若调整后，相应问题未得到明显改善，应该咨询专业医生，寻求解决方案。

（1）限制书包重量

书包使用技巧可以帮助学生和家长有效减轻书包重量、正确使用书包，进而避免因书包使用不当引起的腰背疼痛、姿势异常等问题。

本书作者团队建议学生书包重量不应超过其体重的 10%～

15%。如果学生的体重为100斤，则书包重量最好小于10斤，最重不应超过15斤。可以使用家庭或学校卫生室的体重秤了解一下书包的实际重量。其他减轻书包重量的有效方法如下。

使用学校储物箱：将与作业无关的课本、教学辅具等物品存放在学校储物箱内，减轻书包重量。

规划作业：做好作业规划，充分利用在校时间完成部分作业，减轻书包作业课本重量。尤其是周末作业可有计划地分散到每天带回家，避免周五放学书包过重。

备用课本：可在家准备一套备用课本，若非必要，课本就不用每天带回家。对于一些较厚的课本，可以进行拆分重新装订，按章节携带使用。

（2）整理包内物品

应选择内部有分隔层的书包，较重的书本应放在靠近书包背部的夹层中，若夹层配有松紧固定带，可更加理想地控制书包重心稳定。包内物品需均匀平衡填装，若需携带水杯，可将水杯与铅笔盒分别放置书包两侧的辅助袋中。

（3）调整书包肩带

绝大多数学生和家长正确地选择了双肩书包。理想的书包肩带应是配有软垫的宽肩带，另外，还应配有胸带和腰带。使用时可按下图顺序依次调整书包带。

① 调整书包内带，固定书本位置。

② 调整书包腰带，有助于将书包重量更加均匀地分布到背部，减轻双肩的压力，减少行走过程中书包的摆动。

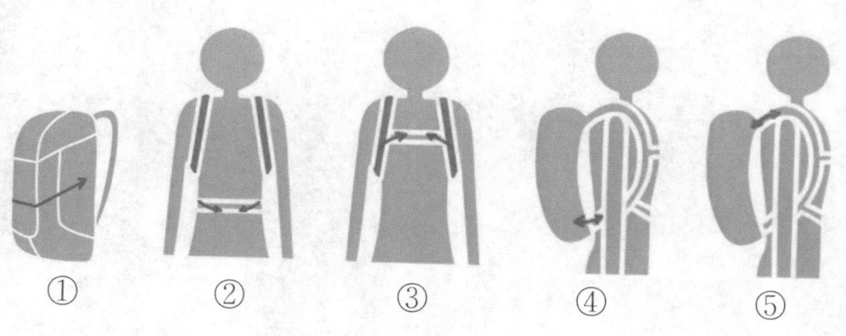

书包带的调整与使用

③ 扣紧及调节书包胸带、收紧胸带。

④ 调整书包肩带长度，使书包尽量贴近背部（如果走路时书包频繁撞到腰部或臀部，则肩带可能太长）。

⑤ 最后，调整肩带颈部旁的带子（如配有），保证书包肩部平衡。

（4）正确背放书包

为避免背起或脱下沉重书包时诱发脊柱或肌肉损伤，学生应将书包放于书桌上（或由家长辅助提起书包），微屈双膝至适合高度，背稳书包后再站起。脱下书包时，同样需要借助书桌或由家长辅助。

借助书桌辅助
背起或脱下书包

三、异常姿势矫正

沉重书包常会导致学生“头前倾”“圆肩驼背”“高低肩”“骨盆倾斜”等异常姿势，这些异常姿势可导致脊柱力学结构失衡，诱发脊柱侧弯、椎间盘突出症等疾病，出现颈肩腰背疼痛等症状。本部分将介绍一些训练方法，增加腰背和腹部肌肉力量，维持躯干肌肉稳定性，可有效预防背包导致的腰背疼痛和姿势异常。

1. “泰坦尼克”伸展

- 站立于门框正中，面向门外。
- 双手后伸，握住门框，双臂伸直，身体前倾。
- 下颌微收，目视前方，至胸部和肩部有舒服的拉伸感。
- 保持 20～30 秒，放松，做 2～3 次。

“泰坦尼克”伸展

2. 胸部拉伸

胸部拉伸

• 站立于门框正中，面向门外。

• 双臂抬起与肩同高，肘关节屈曲90度，置于门框内侧。

• 左足向前迈步，上身前倾，至胸部有拉紧感，然后换右足向前，交替一次算一组。

• 每次保持20～30秒后放松，做2～3组。

3. 背部肌肉强化

• 俯卧位，将靠垫垫于腹部下方，前额贴于地面，双臂向两侧伸直，手掌向下。

• 手臂垂直地面抬起，使两侧肩胛骨内收。

• 保持20～30秒后放松，做2～3次。

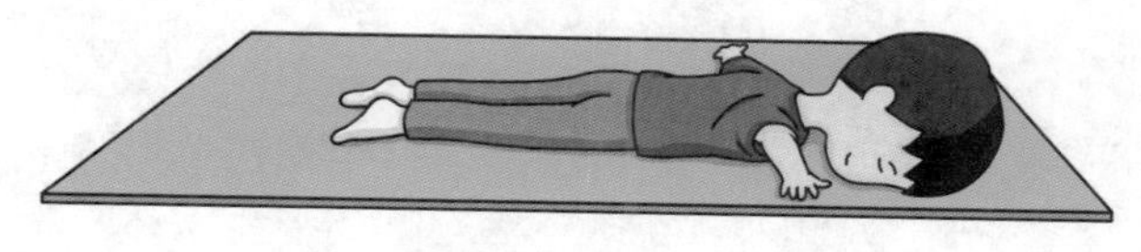
背部肌肉强化①

• 俯卧位，双臂沿着身体两侧伸直，双腿伸直。

• 双臂垂直于地面抬起，双腿伸直，双脚绷紧，头部抬起，下巴向胸部方向内收。

- 保持 20～30 秒后放松，做 2～3 次。

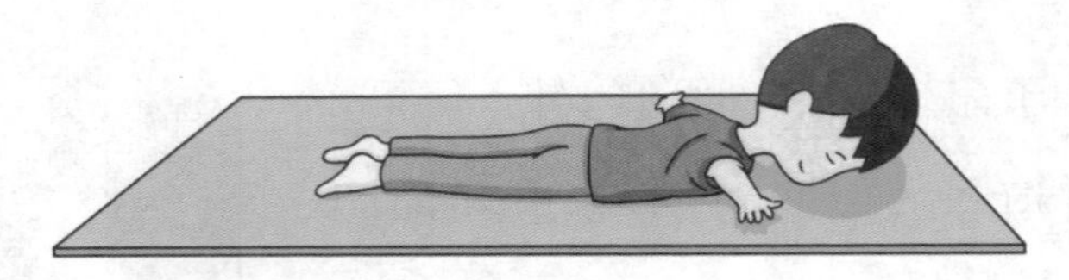

背部肌肉强化②

 腰背肌肉拉伸

跪位，臀部坐于脚后跟，腹部紧贴大腿，手臂放松，尽量向前伸展，肩部下压，背部放松，使腰背部有轻微的牵拉感。一组 3 次，每天 3 组。

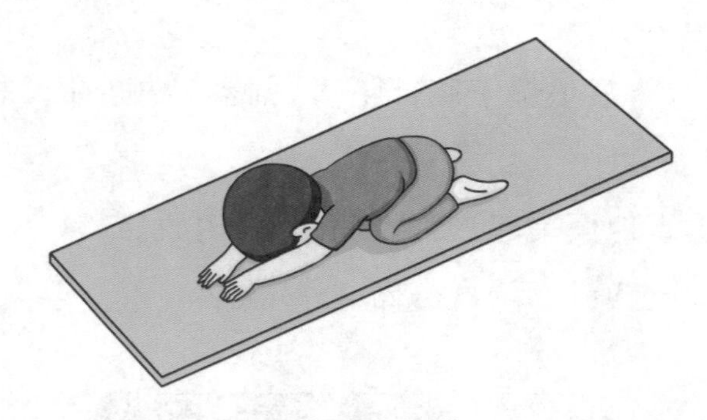

腰背肌肉拉伸

 腹部肌肉拉伸

俯卧位，双手将上身撑起，挺胸抬头，下颌上扬，保持下肢贴

紧地面，使整个腹部产生牵拉感。一组3次，每天3组。

腹部肌肉拉伸

6. 髂腰肌拉伸

仰卧，双膝屈曲，小腿与地面成45度，双手抱住左膝贴近前胸左侧，右腿放松慢慢伸直（若不能伸直，可逐渐练习至伸直贴地）；换另外一侧重复同样动作。一组3次，每天3组。

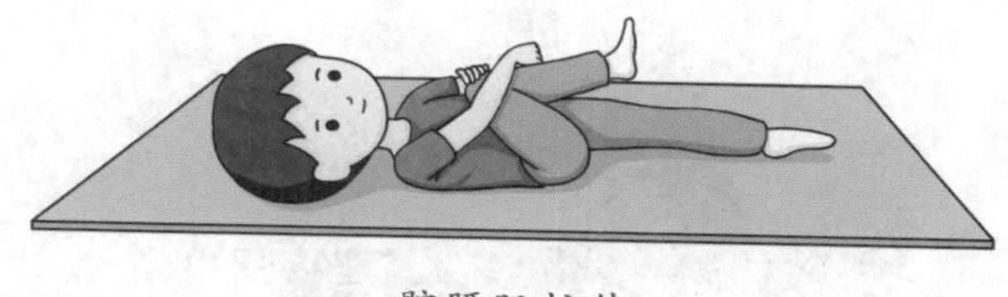

髂腰肌拉伸

7. 臀桥运动

仰卧位，屈膝，双膝分开与髋同宽，双臂置于身体两侧；吸气不动，呼气时臀部向上发力抬起，同时双脚向前、向下蹬地并且腹部收紧，直到肩、髋、膝处在一条直线上，保持5秒（注意不能向上挺腹）后回到起始姿势。一上一下为1次，每组7～10次，每天做

2～3 组。

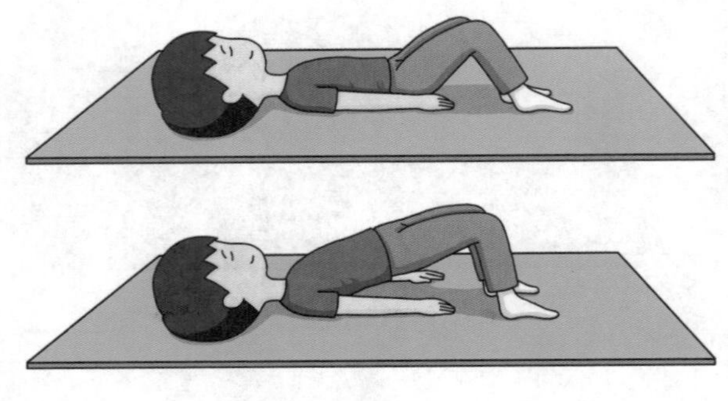

臀桥运动

8. 卷腹运动

仰卧，腰部尽力贴于地面，屈髋，大腿与地面成 90 度，双手置于大腿两侧，头、颈、肩部放松，腹部用力，抬起上半身至最大幅度，保持 5～10 秒。一组 5 次，每天 3 组。

卷腹运动

9. 侧举运动

左侧卧，身体与地面垂直，左手支撑头部，右手置于胸前地面辅助稳定，双腿伸直抬离地面，至左膝离开地面，左腿保持稳定，

右腿继续侧抬、放下 10 次;换另一侧做同样动作。一组 3 次,每天 3 组。

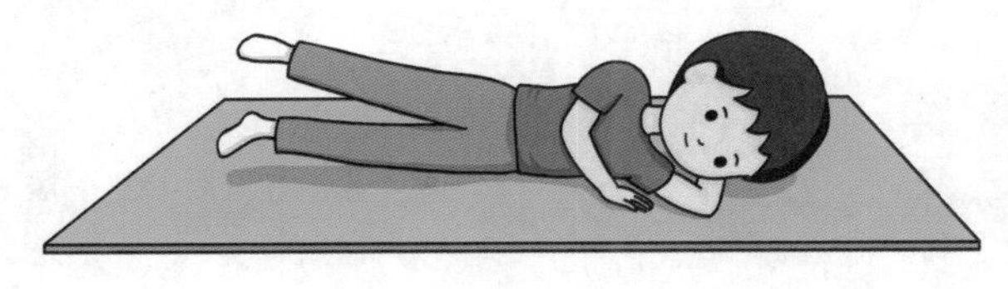

侧举运动

10 蚌式训练

侧卧,屈髋屈膝,双侧下肢靠拢,将一个弹力大小合适的弹力带套在双膝部位,下侧下肢保持不动,同时骨盆及腰部也要保持不动,将上侧下肢充分打开(外展外旋),在最高点保持 5 秒。每组 7～10 次,每天 2～3 组。

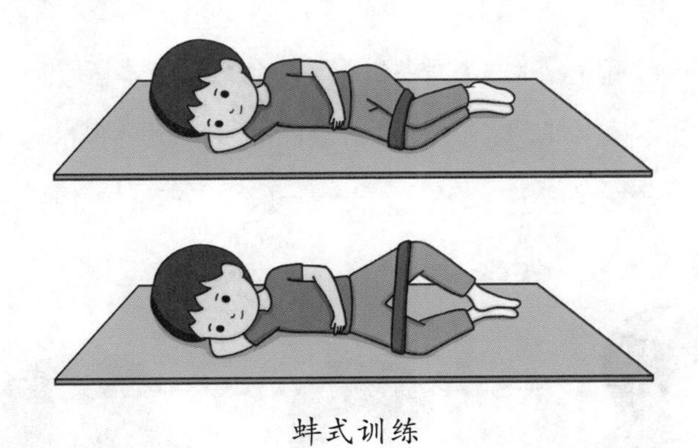

蚌式训练

四、书包选购和使用“陷阱”

“陷阱”1：选书包，漂亮就行

书包是学生日常必备工具，也是影响学生健康的主要因素之一。流行病学调查显示，学生书包超重和使用错误现象极其严重，我国中小学生书包超重率高达76%～90%。书包沉重和使用方式错误不仅导致学生腰背疼痛、脊柱发育畸形，书包过重还可对肩部血管和神经造成异常压迫，影响血液循环，诱发肢体麻木等。此外，书包超重带来的外部压力会诱发学龄儿童呼吸肌疲劳，导致肺活量和呼吸功能异常。因此，书包绝不是随便背背、漂亮就行。中小学生应选择合适的书包，并合理控制书包重量，掌握正确的书包使用方式。

书包诱发的肌肉骨骼异常

“陷阱”2:“小胖子”可以背更重的书包

许多家长认为“胖孩子力气大”,可以背更大、更重的书包,背重书包还可以锻炼一下身体,减减肥。其实,这些都是极其错误的想法。肥胖学生超标的体重不仅没有赋予他们更好的承载能力,反而需要更多肌肉力量承载超额体重负荷。使用相同重量的书包时,肥胖学生肩背与下肢肌肉更易疲劳,诱发肩背疼痛。同时,书包超重更易导致肥胖学生足底异常压力和足弓塌陷,造成足踝损伤。因此,超重或肥胖学生应该比正常体重学生选择使用更轻的书包。绝不是“胖孩子力气大”,可以背更重的书包。

学生体重超标与否,可以参考体质指数(BMI)标准。

·体质指数(BMI)标准

分类	WHO标准	亚洲标准	中国标准
偏瘦	<18.5	<18.5	<18.5
正常	18.5～24.9	18.5～22.9	18.5～23.9
超重	≥25.0	≥23.0	≥24.0
偏胖	25.0～29.9	23.0～24.9	24.0～26.9
肥胖	30.0～34.9	25.0～29.9	27.0～29.9
重度肥胖	35.0～39.9	≥30.0	≥30.0
极重度肥胖	≥40.0	—	—

- 科学控制小胖子的书包重量

随着我国中小学生肥胖人数增加,必须减少超重学生所承受的额外负荷。肥胖并不是一种优势,超重学生的额外体重并不是

“小胖子”背重书包更易疲劳

承受额外负荷的“超能力”，而是对其生理和生物力学结构的异常影响。研究显示，超重或肥胖学生使用自身重量15%的书包时，腰背肌肉活动出现显著下降，即学生肌肉出现明显疲劳现象。背包可导致超重学生足底压力分布和足弓动态出现明显异常，诱发学生出现足踝疼痛。因此，研究建议超重或肥胖学生书包重量为正常学生书包重量的2/3，即正常体重学生书包最大安全重量为自身体重的10%时，超重和肥胖学生书包最大安全负荷为自身体重的6.7%；正常体重学生书包最大安全重量为自身体重的15%时，超重和肥胖学生书包最大安全负荷为自身体重的10%。

3. “陷阱”3：拉杆书包可以不限重量

面对越来越沉重的书包，更多学生与家长选择使用拉杆书包，期望拉杆书包可有效减轻学生背包负担。美国儿科学会也建议学生使用拉杆包，以减轻书包重量对学生肩背部的影响。研究也发现，学生使用拉杆书包时走路的运动学模式更接近正常行走运动模式。另外，使用拉杆书包可以有效减轻背书包导致的学生腰背屈曲幅度。

然而，使用拉杆书包也伴随着新烦恼。首先，使用拉杆书包极易导致学生放松对书包重量的警惕，造成书包重量显著增加，同时为追求更大的书包容量，拉杆书包自重也明显增加。有研究

报道，使用拉杆书包学生比使用双肩背包学生的书包重量可能高3～5倍。同时，学生通过楼梯和狭窄区域（如乘公共汽车、过狭窄过道）时，必须使用笨拙的姿势提起书包，极易导致手臂、颈腰椎损伤。在拉杆书包重量方面，并未见相关指南推荐其安全重量。在对双肩背包的分析中，当重量增加到自身体重的10%时，学生身体便会产生一些运动学变化，所以多数指南建议避免背包重量超过自身体重的10%。而保持相同的运动适应性时，拉杆书包的重量可达到学生自身体重的20%。考虑到以上相关因素，建议拉杆书包重量小于学生自身体重的20%为宜。当然，书包重量仍然是越轻越好。

提起拉杆书包上楼梯，易导致学生手臂、颈腰椎损伤

“陷阱”4：低年级学生书包不重

“低年级学生书包不重”是一个普遍的认识误区。低年级小学生书包超重现象更加明显，尤其是1～2年级的小学生，而且女生书包超重率更高。导致低年级学生书包超重的原因较多，需要学校、家长、学生共同努力，减轻学生书包重量。

首先，低年级学生年纪较小，普遍没有整理书包的概念，习惯每天把所有书本都装在书包里，一些小朋友还会把自己喜欢的玩具等偷偷放在书包里，女孩子尤其喜欢把精美小饰品带到学校，导致书包重量每天不减反增。

其次，许多家长持有“买个大书包可以多用几年”的错误观点，导致低年级学生拥有一个大书包，更加“肆无忌惮”地装书本和物品。同时，许多家长会帮孩子背书包到学校门口，认为这样孩子就比较安全。其实，导致这种现象的前提是学生书包一定非常重，家长才会帮忙背书包，但是进入学校后，小朋友还是需要自己背着超重的书包。

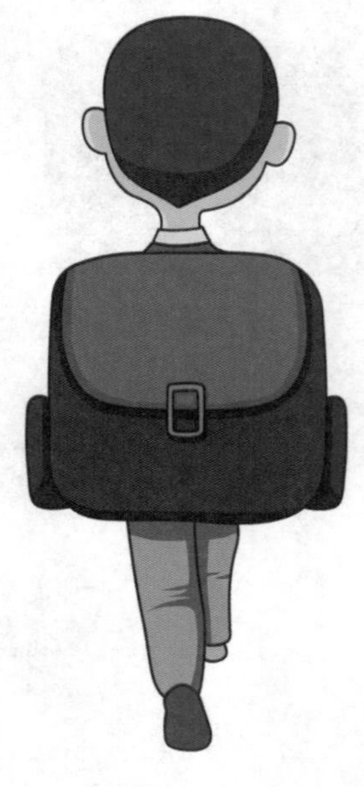
低年级学生背可用好几年的大书包不可取

另外，学校未能积极指导低年级学生如何规范、有效地选择每天所需的课本，虽然一些学校为学生配备了小储物格，以便学生可以把一些课本放在学校，减少每天的携带量，但是多数学校未有效指导学生如何使用储物格。

最后，市场上的商品书包规格也不利于低年级学生选择适合的书包，因为多数书包品牌规格是按照1～3年级为同一规格进行设计，未考虑不同年级学生的不同需求。因此，低年级学生书包超重问题严重，需要学校、家长、学生、书包生产商共同努力解决。

“陷阱”5：女孩子腰背痛和书包没关系

青春期女生是腰背痛高发群体之一。研究表明，学生腰背痛随着年龄增长而增加，并且无论书包重量如何，女生都更容易腰背痛。而且随着年龄增长，女孩腰背痛患病率和疼痛强度更高。这可能源于男女生肌肉骨骼结构、肌肉力量、激素分泌等方面差

异。女生骨骼关节比男生更松弛，松弛的关节会增加女生肌肉骨骼系统疼痛的风险。而且，女生更差的肌肉力量、较低的痛阈和耐受性也增加其腰背痛发病率。肌肉无力是青少年肌肉骨骼疼痛的危险因素。与男生相比，女生肌肉力量明显更差。相关研究也表明，男女在疼痛感知方面存在性别差异，女生刺激反应阈限较低，疼痛发病率更高。同时，性激素在调节疼痛的性别差异中也起着重要作用。

青春期女生易发生腰背痛

青春期女生的腰背痛和背书包有着密切的关系，学生、家长、老师等需要提高警惕，不要忽视书包对青少年健康的影响。

“陷阱”6：家长不需要关注书包健康知识

书包超重和长期不当使用可能会对学生肌肉骨骼系统产生损伤，诱发肌肉疲劳和腰背疼痛，影响脊柱正常发育。严重时可导致儿童脊柱异常生长，发生脊柱侧弯，给家庭和社会带来沉重经济负担。家长应充分了解书包健康相关知识。家长不仅是学生使用书包类型的决定者，更是书包重量、尺寸、背带和腰部支撑等标准的最佳评判者。家长也是掌握孩子们如何使用书包以及使用时间的监督者。家长应及时发现孩子腰背痛、高低肩等异常。因此，有必要经常提高家长对超重书包不良影响的认识，普及有关书包重量、适当类型和正确使用方式的知识。这将有助于设计干预策略，防止学生出现与书包有关的健康问题。

虽然多数家长对书包及其相关健康问题有初步认识，但是，对某些书包诱发的健康问题却认识不足，例如，很少有父母知道长时间使用超重书包会导致成长中的学龄儿童脊柱发育畸形，更不知晓学生书包使用的安全重量范围。绝大多数家长没有检查孩子书包重量的习惯，不知道孩子书包中是否有不必要内容，学生是否按时间表携带课本，更不了解如何检测学龄儿童姿势、步态等异常变化。研究显示，家长对书包重量认识越高，学生肩关节不适和腰背痛的患病率越低，而且所携带的物品一般不到体重的10%。因此，应对家长进行教育科普以提高其对书包健康使用的认识，减少学生肌肉骨骼健康问题。

“陷阱”7：书包健康宣教不重要

一项在11～12岁学生中实施的书包健康宣教计划，包括健康宣教和实操课程两部分。健康宣教讲述了正确使用书包的重要性、不当使用书包的危害以及如何正确使用书包等。实操课程要求参与的学生学会正确地装载、提举、调整和穿戴书包。研究显示，100%的参与学生认为他们掌握如何正确使用书包，绝大多数学生认为他们肌肉骨骼不适症状得到缓解。

另一项在10～12岁学生中进行的书包健康促进计划，包含评估书包使用方式（书包类型、携带方式）、储物柜的使用、减轻书包重量的策略、自我感觉（沉重或舒适）、腰背痛病史等。健康宣教带来了积极的变化，42%的参与者改变了他们使用书包的方式，63%的参与者评价书包健康计划是积极的。因此，书包健康

宣教是有效的，应该在校园积极推广。

完善学生书包健康使用

在学生书包健康使用方面，应该建立一个由家长、教师和校医组成的学校书包健康委员会。委员会可以分享学生书包使用相关健康知识，制定适合各年级学生身体情况的策略来降低背包相关风险，并集思广益地讨论如何改善学校相关设施来减少书包对学生健康的影响。

委员会可以组织一些有效活动开展相关工作，例如：进行“书包安全使用”海报宣传并举办相关知识竞赛，帮助学生了解自己的书包是否超重、如何整理书本等书包内容物，以减少背包诱发的健康危害。

学校可以为学生准备个人储物柜，存放一些书本和学习用品，教辅材料使用平装版、分册版，同年级交替使用教辅材料等，以减轻学生书包重量。家长需要为学生选择大小适合学生身高的书包，且不可以买大书包多用几年。同时，书包应配有胸带、腰带等辅助设备，更好地分布书包重量。家长也需要在平日关注学生书包重量，尤其是低年级小学生。

教育监管部门应限制规定课程要求之外的教育内容和时间，倡导书包健康宣教相关内容的校园推广，促进学生体育活动的学校和社区计划。通过家长、教师、学校、政府监管部门等全社会共同努力，促进学生书包健康使用。

书包健康宣教

为解决背包引起的学生肌肉骨骼系统健康问题，世界各国书包使用指南通常建议书包安全重量为学生自身体重的10%～20%。我国卫生行业标准《中小学生书包卫生要求》也推荐学生

背负书包重量不超过学生自身体重的10%。然而,这些建议所取得的成果却极其有限。书包安全重量限制并未能有效地遏制沉重书包导致的学生健康问题,其主要原因是学生无法有效遵守书包重量限制。同时,指导性的书包限重标准并未达成统一共识,不同研究和指南给出了不同书包重量建议,而且书包重量标准差异极大。另外,这些研究中并未考虑不同年龄背包者脂肪、肌肉、骨骼发育等生理情况差异,这些生理因素差异会对肌肉骨骼系统健康问题产生较大影响。研究也发现,书包使用时间可能是比书包重量更重要的学生腰背痛致病因素。因此,建议书包使用指南应综合考虑书包类型、使用方法、使用时长、书包设计等方面因素,给出科学指导意见,不应简单强调书包重量限制。

书包诱发学生健康问题

应积极推广"书包正确选择与使用"健康教育。书包健康教育不仅要面向学生,更应面向广大学生家长、教师、校医、教育与健康行政管理机构及书包生产和销售商。尤其是学生家长和教师,在某种程度上讲,他们才是学生书包选择与使用的决策者。研究显示,家长对学生书包正确使用认知越高,学生背部和肩关节不适的患病率越低,而且书包重量也低于体重的10%。虽然90%的家长意识到书包可能是导致学生腰背痛的关键因素,但是仅1/3的家长知道沉重书包可导致学生脊柱畸形,家长也很少检查孩子书包里装了什么,更不了解学生书包的真实重量。几乎没有家长知道孩子应该如何正确使用书包。研究

报道,63%的受访者认为书包健康宣教计划是极其有价值的,约50%的受访者依据宣教建议改变了自己使用书包的方式,并有效改善了肌肉骨骼系统疼痛等不适。

面向学生、家长、学校等的书包健康宣教内容应有针对性,全面促进学生书包健康使用。

- 针对学生的宣教内容:①背起、放下双肩书包方法;②整理书本、填装书本的方法;③减少用书包携带学习用品的技巧;④课桌与储物柜的使用技巧;⑤书包不当使用的健康危害。

合理整理书包内容物

- 针对家长的宣教内容:①书包不当使用的健康危害;②使用书包导致的相关肌肉骨骼发育异常特征;③选择书包的标准与方法;④背起、放下双肩书包的方法;⑤整理书本、填装书本的方法。

辅助学生背起、放下书包

- 针对学校的宣教内容:①书包不当使用的健康危害;②学校书包健康宣教方法(海报宣传、知识竞赛等);③减轻学生书包负担的方法(使用储物柜、设置公共图书等);④监督学生书包异常(超重、超大等)的方法;⑤学生书包健康使用措施。